U0048113

鐵人媽媽賈永婕的Brunch

賈永婕——著

鐵人媽媽的真心話

我好喜歡在廚房裡，尤其是在夜晚，小孩都睡了的時候，一個人，一杯酒，在廚房裡慢慢準備第二天的早餐！

有時會讓孩子們order想要吃的早餐，有時會發揮一下自己的創意研發新的料理！不管再忙再累，只要進了廚房，在裡面忙東忙西對我而言像是一種療癒，心情是溫暖甜蜜的！

想像孩子們第二天一早大口吃著早餐，滿足又開心的表情，當然還要心懷著無比的感恩，感恩我是全世界最好最棒最美還會做好好吃東西的媽咪！

但每天……
6:30鬧鐘響～
媽媽我掙扎翻身起床按掉手機鈴聲！
跑到孩子房間掀開棉被大吼：「起床啦！快點～」
然後衝進廚房開始料理～
先熱烤箱、烤麵包、打蛋、煎蛋～

起床沒？怎麼動作那麼慢？
快點～
早餐好了！快來吃！ 什麼？怎麼還沒起床！

起床啦！（獅吼功）
狂吼一陣，再好聲勸說，三催四請，
小孩睡眼惺忪，慢吞吞的出現～
天啊！怎麼跟我想像中完全不一樣！

來來來！快吃！快吃！好吃嗎？這是媽媽最新研發的食譜！吃到爆漿的口感嗎？怎麼樣？怎麼樣？

嗯～眼睛完全沒有睜開，臉還給我臭臭的，是想要把老娘氣死嗎？
想像中那種崇拜媽咪的眼神呢？

好啦！好啦！快點！快點！上學要遲到了！

唉～有時我真想把「起床了」、「快點」、「快吃」、「要遲到了」這些關鍵字錄起來！每天早上重複播放就好！音量直接調到最大！每天吼這些，我都不知死多少細胞！

幹嘛吼呢？
啊～小孩就很奇怪，不用吼的好像都聽不見，妳用溫柔的聲音叫他們起床，叫得起來嗎？

每天都想當優雅有氣質又溫柔的媽媽，但永遠都在大吼大叫發瘋又後悔的掙扎中不斷的輪迴～

當然還是有甜蜜的時候，小孩從學校回來抱怨：「媽媽妳今天幫我帶的鬆餅我根本沒吃到，一下就被同學搶光了！」
「媽媽，妳好久都沒做海鮮湯了，明天早餐可以喝嗎？」
我深信肚子飽飽的，心就暖暖的！
所以要把我愛的人都餵得飽飽的！
每天每天一早就要吃飽，吃得營養健康！
幸福就是老娘繼續拚了！（怒拔白髮）

contents

前言

Part 1
再忙也要健康吃
10分鐘搞定的快速Brunch

Part 2
加點巧思更可口
20分鐘完成的從容Brunch

Part 3

輕鬆享受好食光

慢慢上桌的悠閒Brunch

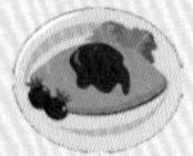

Chapter 1

再忙也要健康吃

10分鐘搞定的快速Brunch

別再說沒有時間自己做早餐，
烤個麵包煎個蛋，切點番茄、生菜，
再加片火腿、起司片，不用10分鐘，
健康營養又美味的簡單料理就可端上桌。
從今天開始，
讓自己和家人每天都能
元氣滿滿地開始美好的一天！

材料

法國麵包…… 半條
雞胸肉…… 30g
紅、黃彩椒…… 各¼個
義式羅勒青醬…… 少許
起司絲…… 適量

調味料

鹽、胡椒…… 適量

作法

1 將紅、黃彩椒洗淨，切條備用。
2 雞胸肉煎至兩面金黃，撒上適量的鹽和胡椒調味。
3 法國麵包對半切，塗上羅勒青醬(除了買現成的，也可以自己做哦)，並放上雞胸肉，撒上適量起司絲。
4 烤箱預熱200度，烤3分鐘待起司融化後取出，再加入紅、黃彩椒。

DIY時間

自製青醬

材料

新鮮羅勒葉
或九層塔…… 100g
松子…… 80g
蒜頭…… 10瓣
橄欖油…… 150ml
帕瑪森起司粉…… 30ml

調味料

鹽、黑胡椒…… 少許

作法

1 羅勒葉洗淨去梗、擦乾備用，蒜瓣去膜，用刀柄壓碎。
2 烤箱預熱150度，將松子放入烤出香味（切記不要焦掉）。
3 攪拌器（或果汁機）內加橄欖油、松子、蒜頭、羅勒葉，一起攪拌至成泥狀，加起司粉、鹽、黑胡椒調味，即為青醬。

10分鐘搞定的快速Brunch

火腿蛋起司佐花生醬三明治

材料

吐司…… 2片
雞蛋…… 2顆
火腿…… 2片
小黃瓜…… 半根
花生醬…… 適量

作法

1 蛋打成蛋液，小黃瓜洗淨、切絲，備用。
2 將吐司放入預熱好的三明治機內略烤。
3 熱油鍋，倒入蛋液煎成蛋皮，起鍋備用。
4 在烤好的吐司上塗抹適量花生醬，鋪上蛋皮、火腿、小黃瓜絲。
5 最後再蓋上另一片抹好花生醬的吐司。

so easy!

起司豬排菠蘿堡

10分鐘搞定的快速Brunch

材料

菠蘿麵包…… 1個
里肌豬排…… 2片
起司片…… 1片
高麗菜…… 少許

調味料

醬油…… 2大匙
糖…… 1茶匙

作法

1 高麗菜洗淨、切絲，里肌豬排以少許醬油、糖醃漬一下，備用。
2 熱油鍋，放入里肌豬排煎至兩面呈金黃色。
3 菠蘿麵包放烤箱加熱後，取出。
4 將菠蘿麵包切開，依序放入煎好的豬排、起司片、高麗菜絲。

烤番茄酪梨鮪魚貝果

材料

貝果…… 1個
牛番茄…… 半顆
酪梨…… 1個
罐頭鮪魚…… 40g
起司絲…… 少許
起司抹醬…… 適量
黑胡椒粒…… 少許

作法

1 將酪梨洗淨、削皮、切薄片、燙熟，牛番茄洗淨、切片，備用。

2 鮪魚罐頭開罐後，把多餘的油瀝出，備用。

3 貝果剖半，切面抹上一層厚厚的起司抹醬，再依序鋪上番茄、酪梨、鮪魚，最後撒上起司絲、黑胡椒粒就好了。

10 分鐘
搞定的快速
Brunch

玉米蛋起司三明治

材料

雞蛋…… 2顆

牛奶…… 少許

玉米…… 1根

（或罐頭玉米粒適量）

起司絲…… 適量

吐司…… 2片

調味料

鹽…… 少許

作法

1 鍋中加水煮熟玉米，切下玉米粒，備用。(也可直接用罐頭玉米粒)

2 吐司去邊，放入預熱好的三明治機加熱。

3 蛋打成蛋液，加牛奶、少許鹽拌勻。

4 熱油鍋，倒入蛋液，炒至半熟（滑蛋的感覺）時，加入玉米粒一起略炒。

5 將炒玉米蛋鋪在一片吐司上，鋪上適量起司絲，再放上另一片吐司。

永婕媽媽經

★小孩有一次打包沒吃完的玉米蛋起司三明治到學校，結果被同學搶光光，大讚好吃～媽媽我冷冷地回一句：「拜託，都冷掉了怎麼會好吃?!」
（哇哈哈哈，可見有多好吃）

花生醬苜蓿芽堅果三明治

10分鐘搞定的快速Brunch

材料

吐司…… 2片
苜蓿芽…… 少許
雞蛋…… 1顆
花生醬…… 適量
綜合堅果…… 適量
葡萄乾…… 適量

作法

1 蛋打成蛋液，將兩片吐司沾滿蛋液，放入三明治機加熱。

2 在烤好的吐司上塗一層厚厚的花生醬，再鋪上一層苜蓿芽。

3 隨意撒上適量堅果及葡萄乾，增加口感。

永婕媽媽經

★這是一道非常簡單的三明治～我無意間發現苜蓿芽加花生醬的口感好翻天了！訣竅是麵包要烤得很酥脆。

10 分鐘
搞定的快速
Brunch

香煎里肌肉排鳳梨沙拉捲

材料

里肌肉排…… 2片
鳳梨切片…… 4~5片
蘿蔓生菜…… 1片
墨西哥捲餅…… 1片

調味料

鹽…… 1茶匙

作法

1 里肌肉排用菜刀背稍拍打，均勻抹上少許鹽調味。蘿蔓生菜洗淨，鳳梨切小塊。
2 熱油鍋，放入里肌肉排煎熟，同時間將墨西哥捲餅放進烤箱稍微加熱。
3 從烤箱中取出墨西哥捲餅，依序鋪上里肌肉排、鳳梨、蘿蔓生菜後，捲起。

so easy!

香煎牛小排番茄玉米墨西哥捲

10分鐘
搞定的快速
Brunch

材料

墨西哥捲餅…… 1張
番茄…… 半顆
牛小排肉片…… 2片
玉米粒…… 少許
美生菜…… 約1小碗

調味料

胡椒鹽…… 適量

作法

1 番茄洗淨、切丁，美生菜洗淨、切絲，備用。

2 牛小排肉片均勻抹上少許胡椒鹽，入油鍋煎熟。

3 墨西哥捲餅先放烤箱稍微加熱後取出，依序鋪上煎牛小排、番茄丁、玉米粒、美生菜絲後，捲起。

牛排三明治

材料

厚片吐司…… 2片
牛排…… 1塊
起司…… 1片
番茄…… 半顆
美生菜…… 2片

調味料

胡椒鹽…… 適量
芥末醬…… 適量

作法

1. 番茄洗淨、切片，美生菜洗淨，厚片吐司去邊。
2. 平底鍋中倒入少許油，加熱至起油紋（煎牛排的油一定要夠熱），放入牛排，兩面各煎約20~25秒（視牛排厚度而定）。
3. 起鍋後，將牛排靜置5分鐘(鎖住肉汁，口感更佳)，撒適量胡椒鹽，切成數片備用。
4. 吐司放入三明治機烤。烤好後，取出一片吐司放上牛排切片，再鋪上起司、番茄、美生菜，淋上適量芥末醬，再蓋上另一片吐司。

永婕媽媽經

★我還滿會煎牛排的，小撇步分享給大家！牛排買回家先打開膠膜，放冰箱冷藏48個小時左右。料理時，千萬記得冷凍牛排不能拿出來直接退冰就下油鍋煎哦！要放在室溫下至少2小時，讓牛排溫度接近常溫（是一種dry aged乾式熟成牛肉的概念），煎出的牛排才會好吃！

培根蛋馬鈴薯沙拉芥末三明治

材料

吐司…… 3片
雞蛋…… 2顆
培根…… 1~2片
美生菜…… 2片
沙拉醬…… 2大匙
芥末醬…… 少許
馬鈴薯…… 1顆

作法

1 美生菜洗淨，備用。熱油鍋，將培根煎熟。

2 馬鈴薯洗淨放入電鍋蒸熟，取出剝皮，壓成泥備用。

3 雞蛋放冷水鍋中，先開大火煮滾，轉小火再煮數分鐘，即成水煮蛋。

4 將蛋取出，剝殼、搗碎，放入碗中，再加入馬鈴薯泥及沙拉醬拌勻，做成蛋馬鈴薯泥沙拉。

5 吐司切去四邊，取一片塗抹少許芥末醬，鋪上水煮蛋馬鈴薯沙拉，放第二片吐司，鋪上培根、美生菜，再放上第三片吐司即完成。

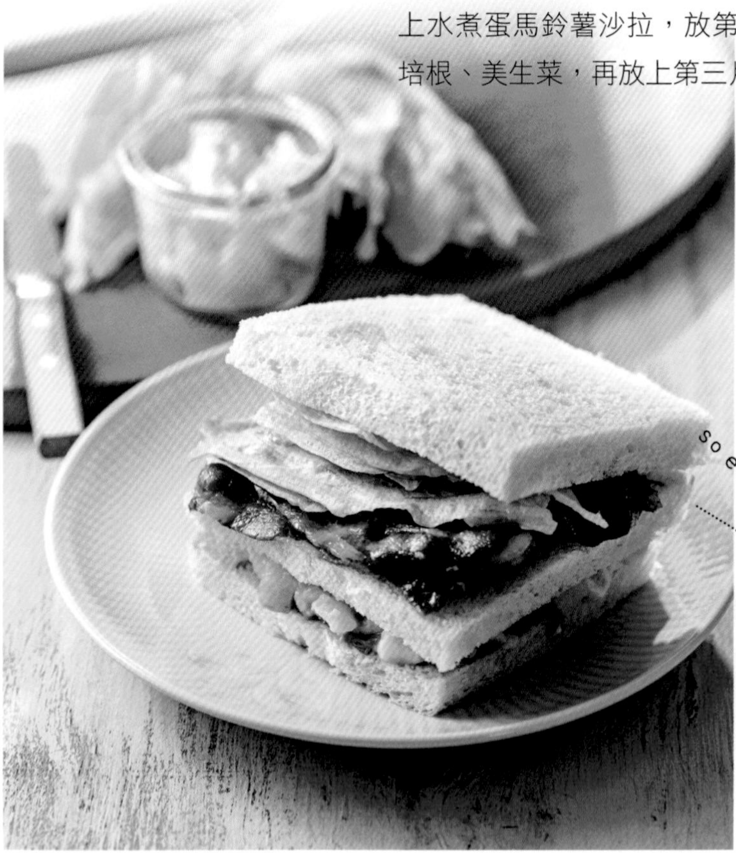

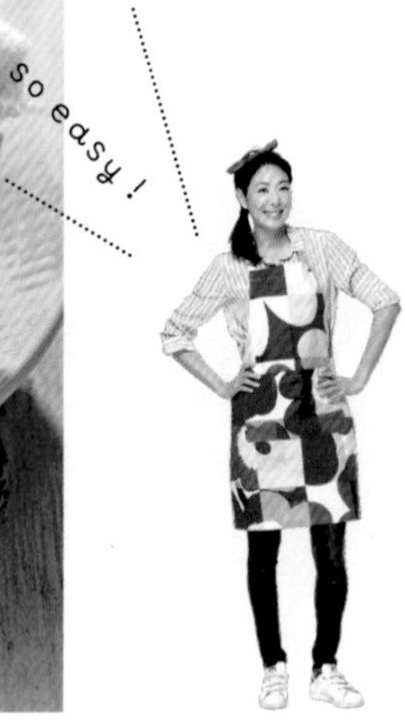

so easy!

酪梨番茄煎蛋

材料

雞蛋…… 4顆
酪梨…… 1個
番茄…… 半顆

調味料

醬油…… 1茶匙
味醂…… ½茶匙
黑胡椒…… 少許

作法

1 將酪梨洗淨、去籽、切丁，番茄洗淨、切片，備用。
2 將蛋打成蛋液，加少許醬油跟味醂攪拌均勻，再加入酪梨丁混合。
3 熱油鍋，倒入蛋液，待蛋液稍微凝固之後，擺上番茄，轉小火將蛋烘熟後盛盤，可撒些許黑胡椒調味。

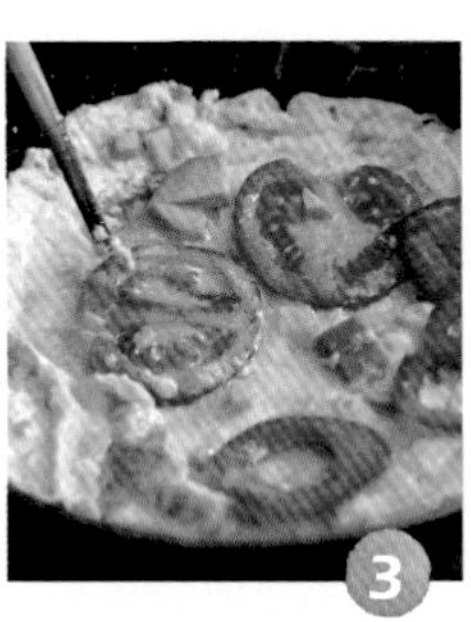

3

永婕媽媽經

★酪梨是非常好的水果，不僅營養豐富，有助降低膽固醇，也是很好的減肥水果哦。

10分鐘搞定的快速Brunch

牛丼

材料

白飯…… 200g
火鍋牛肉片…… 6~8片
洋蔥…… 半個
雞蛋…… 2顆

調味料

日式醬油…… 2大匙
鹽…… 少許

作法

1 蛋打成蛋液，洋蔥切絲，備用。
2 熱油鍋，爆香洋蔥，加入牛肉翻炒，再加入日式醬油炒至牛肉全部變色。
3 倒入蛋液，加入鹽調味，蓋上鍋蓋燜煮約20秒，即可起鍋。
4 最後淋在白飯上。

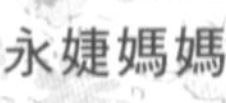

永婕媽媽經

★有時小孩會請同學來家裡玩或一起作功課，午餐時間我常常用這道料理輕輕鬆鬆就可以打發很多小鬼。

黃金蜆湯

10分鐘搞定的快速Brunch

材料

蒜…… 10~15瓣

黃金蜆…… 600g

調味料

鹽…… ½茶匙

作法

1 大蒜拍扁放入碗中，加水蓋過，放進電鍋，外鍋加2杯水蒸熟。

2 蒸熟的大蒜汁倒入大碗中，加進吐好沙的黃金蜆及800ml水，再放入電鍋裡，外鍋加1杯水續蒸。

3 蒸好後，趁熱加點鹽調味。

豆皮壽司

材料(約做12個)

市售豆皮…… 1包
白飯…… 400g
味醂…… 80g
罐頭玉米粒…… 適量
肉鬆…… 適量
蝦仁…… 適量
海苔香鬆…… 適量
黑芝麻…… 少許

作法

1 蝦仁汆燙熟，備用。
2 將剛煮好的白飯與味醂依照5:1的比例拌勻放涼，即成壽司飯。
3 將放涼的壽司飯填入豆皮，可依喜好擺上玉米、肉鬆、蝦仁、海苔香鬆等食材或直接在壽司上撒少許黑芝麻。

10分鐘搞定的快速Brunch

番茄起司沙拉

材料

番茄…… 1大顆

馬茲瑞拉起司…… 100g

調味料

義式油醋醬…… 1茶匙

橄欖油…… 1大匙

義式青醬…… 適量

作法

1 將番茄洗淨後切片，起司切片。

2 以一片番茄配一片起司的方式排列好，淋上橄欖油、油醋、義式青醬，一道簡單的沙拉就完成了。

so easy!

煙燻鮭魚酪梨沙拉船

10分鐘
搞定的快速
Brunch

材料

煙燻鮭魚…… 3~4片
洋蔥…… ¼個
小番茄…… 2顆
小黃瓜…… 1根
酪梨…… 1個
蘿蔓萵苣…… 2片
原味優格…… 2大匙
橄欖油…… 2大匙

調味料

鹽…… ½茶匙
黑胡椒…… 少許

作法

1 煙燻鮭魚切成小塊狀，洋蔥切丁，小番茄洗淨、切丁，小黃瓜洗淨、切丁，酪梨洗淨、去籽、切丁、燙熟，蘿蔓萵苣洗淨，備用。

2 取一容器，放入煙燻鮭魚塊、洋蔥丁、酪梨丁、番茄丁、小黃瓜丁、優格，再加橄欖油、鹽、黑胡椒拌勻成沙拉。

3 將適量鮭魚酪梨沙拉放在蘿蔓萵苣上，再隨意撒點黑胡椒即可。

10 分鐘
搞定的快速
Brunch

鮮蔬堅果可頌

材料

可頌麵包…… 1個
蘋果…… ¼顆
美生菜…… 少許
綜合堅果…… 少許
起司抹醬…… 適量
起司片…… 1片
葡萄乾…… 少許

作法

1. 蘋果洗淨、切薄片，起司片對半切成三角形。
2. 將可頌麵包切半，抹上厚厚一層的起司抹醬。
3. 依序鋪上美生菜、蘋果薄片、撒上堅果、葡萄乾，最後放上起司片，即成。

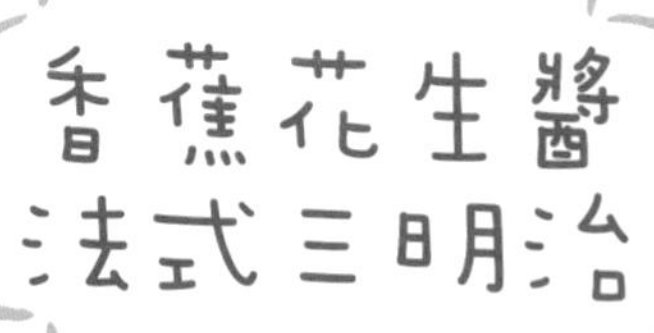

香蕉花生醬法式三明治

材料

雞蛋…… 2顆

香蕉…… 1根

吐司…… 3片

花生醬…… 適量

作法

1 香蕉擺直對半切，再切成約2公分小段。

2 將吐司沾上蛋液，放至預熱好的三明治機裡烤。

3 烤好的吐司去邊，分別塗上花生醬後，依吐司、香蕉片、吐司的順序製成三明治。

so easy!

2

彩色水果三明治

材料

吐司…… 3片

草莓…… 6顆

奇異果…… 1個

鮮奶油…… 少許

作法

1 草莓洗淨、切半，奇異果洗淨、去皮、切片，備用。

2 吐司去邊，抹上鮮奶油。

3 將切好的草莓跟奇異果分別夾在塗滿鮮奶油的吐司間，一層草莓，一層奇異果。

4 將3層水果三明治，對半切成三角型。

10 分鐘
搞定的快速
Brunch

水果優格聖代

材料

原味優格…… 150g
草莓…… 3~4顆
奇異果…… 半個
柳橙…… 3~4瓣
早餐片…… 適量

作法

1 草莓洗淨、切半，奇異果去皮、切丁，柳橙去皮切塊，備用。

2 取一個漂亮容器，先放進約一半的優格。

3 優格上鋪一層奇異果丁，再加進少許優格，放上草莓，再加優格，放上柳橙。

4 放入剩餘的優格，撒上適量的早餐片，再擺上草莓、奇異果、柳橙等水果，一份高纖低卡的輕食Brunch就完成了。

草莓紅豆三明治

材料

吐司…… 1片

草莓…… 2~3顆

紅豆…… 300g

鮮奶油…… 少許

糖…… 120g

作法

1 事先做好紅豆餡：前一晚先將紅豆泡水至少4小時，電鍋內鍋加水超過紅豆高度，外鍋加2杯水蒸至紅豆熟軟，開關跳起後若紅豆仍不夠軟，外鍋可再加水續蒸，蒸好後趁熱加糖攪拌，成紅豆餡。

2 草莓洗淨、切半，備用。

3 吐司切去四邊，斜角對切成三角形。

4 取一片吐司，鋪上一層紅豆，擠些鮮奶油在紅豆上，再放上草莓，再加些紅豆，蓋上另一片吐司。

紅豆麻糬三明治

材料

紅豆⋯⋯ 300g
日式無糖烤麻糬⋯⋯ 2片
吐司麵包⋯⋯ 2片

調味料

糖⋯⋯ 120g
蜂蜜⋯⋯ 適量

作法

1 事先做好紅豆泥：前一晚先將紅豆泡水至少4小時，電鍋內鍋加水超過紅豆高度，外鍋加2杯水蒸至紅豆熟軟，開關跳起後若紅豆仍不夠軟，外鍋可再加水續蒸，蒸好後趁熱加糖攪拌，壓成紅豆泥。

2 做好的紅豆泥放涼後，放入冰箱冷藏。

3 把吐司放入預熱好的三明治機，鋪上事先做好的紅豆泥、麻糬片，再放一片吐司一起烤。

4 烤好的三明治，可再淋些蜂蜜調味。

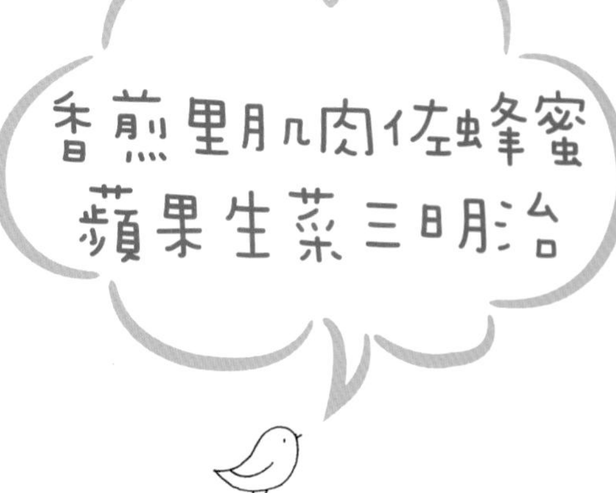

香煎里肌肉佐蜂蜜蘋果生菜三明治

材料

里肌肉片…… 2片
吐司…… 2片
蘋果…… 半顆
美生菜…… 3~4片

調味料

醬油…… 少許
胡椒…… 少許
蜂蜜…… 少許

作法

1. 蘋果洗淨、切片(先放鹽水中，以防蘋果變黃不好看)，美生菜洗淨，備用。
2. 里肌肉片用少許醬油、胡椒稍微醃漬。
3. 熱油鍋，將里肌肉片煎熟，另把吐司放入三明治機裡加熱。
4. 吐司烤好後，放上里肌肉片，淋少許蜂蜜，再放上蘋果片、美生菜，就完成了。

為親愛的家人
做料理，
是件讓人開心
的事啊！

Chapter 2

加點巧思更可口

20分鐘完成的從容Brunch

麵飯打架會變成什麼滋味？
吃得到鍋巴香的台式鹹粥，
小朋友看到就尖叫的培根焗烤馬鈴薯塔，
一道道多了點創意的非凡美味，
讓家裡的餐桌，時時有驚喜……

烤奶油培根玉米起司薯條

材料(2人份)

奶油…… 1大匙
馬鈴薯…… 2顆
培根…… 2~3片
玉米…… 1根
(或罐頭玉米粒半罐)
帕瑪森起司粉…… 少許

調味料

胡椒鹽…… 少許

作法

1 培根切小片，馬鈴薯切絲。
2 燒一鍋水把玉米煮熟後，切下玉米粒，備用。(也可用玉米罐頭取代)
3 熱鍋將奶油爆香，放入培根炒至培根變色、香氣四溢，再加入馬鈴薯絲，翻炒至馬鈴薯顏色呈透明，撒上少許胡椒鹽。
4 將培根、馬鈴薯盛出，裝至烤盤內，加入玉米，再撒上帕瑪森起司粉，放入預熱好的烤箱中加熱3~5分鐘。
5 香噴噴的烤薯條完成囉！

永婕媽媽經

★這時我家的孩子會尖叫：「媽媽，起司不夠多，再多一點啦！」

培根焗烤薄切馬鈴薯塔

材料(約可做3個)

馬鈴薯⋯⋯ 2顆
培根⋯⋯ 4片
起司絲⋯⋯ 適量
蘑菇⋯⋯ 10朵
洋蔥⋯⋯ ¼個
奶油⋯⋯ 2大匙

調味料

鹽⋯⋯ 少許
黑胡椒⋯⋯ 少許

作法

1 將馬鈴薯洗淨、刨皮、切片，培根切碎，蘑菇洗淨、切片，洋蔥切細絲。
2 取一平底鍋熱鍋，加入一大匙奶油，將馬鈴薯片煎至兩面金黃，盛起備用。
3 再熱鍋，加入一大匙奶油，爆香洋蔥，加入培根、蘑菇片拌炒，再撒少許鹽、黑胡椒調味。
4 在一片馬鈴薯上放些許培根、蘑菇，再撒一層起司絲，放上另外一片馬鈴薯，依序3層，插上牙籤。
5 烤箱預熱160度，將馬鈴薯塔放入烤3~4分鐘，至起司融化。

烤雙筍培根蛋沙拉

材料(2人份)

蘆筍…… 7~8根
茭白筍…… 1~2支
培根…… 2片
雞蛋…… 2顆
蘿蔓萵苣…… 1個
（或美生菜1個）
白芝麻…… 少許
芝麻沙拉醬…… 適量

作法

1 蘆筍洗淨、切段，茭白筍洗淨、去殼、切成三角形片。

2 取一鍋，先將雞蛋煮成水煮蛋，再去殼切片。

3 烤箱預熱160度，將蘆筍、茭白筍烤約5分鐘。

4 熱油鍋，將培根煎熟後，切成小塊狀或是條狀。

5 將蘿蔓萵苣（或美生菜）洗淨，切成適合入口大小，加入培根、蛋，拌入芝麻沙拉醬，再放上烤熟的蘆筍、茭白筍，最後撒上白芝麻。

永婕媽媽經

★也可以利用三明治機烤出有紋路的茭白筍，增添美感。

蘆筍番茄蘑菇蛋沙拉

材料(2人份)

蘆筍…… 1把
番茄…… 2顆
蘑菇…… 6朵
雞蛋…… 2顆
美乃滋…… 2大匙
奶油…… 1茶匙
蘿蔓生菜…… 3片
起司粉…… 少許

調味料

鹽…… 適量
黑胡椒…… 少許

作法

1 蘆筍洗淨、削皮、切段，番茄洗淨、切小塊，蘑菇洗淨、切片，蘿蔓生菜洗淨、切成適當大小。
2 湯鍋加水放入雞蛋煮成水煮蛋。
3 蛋煮熟後，剝殼、切碎，加入美乃滋、少許鹽攪拌均勻，蛋沙拉就完成了。
4 熱鍋加入奶油，待奶油融化放入蘆筍、番茄、蘑菇拌炒，加點鹽調味。
5 將生菜鋪於盤底，放上炒好的青蔬，再依個人喜好加入適量蛋沙拉，撒點黑胡椒、起司粉，即可。

滷溏心蛋沙拉

材料

雞蛋…… 5顆
蘿蔓生菜…… 半顆
番茄…… 2顆

滷汁

醬油…… 100ml
味醂…… 100ml
水…… 400ml
滷包…… 1包

調味料

芥末醬…… 少許
黑胡椒…… 少許

作法

1 蛋放入冷水鍋中加熱。(蛋若是從冰箱拿出來，要先放至常溫)
2 大火煮至水沸騰後，續煮約3分鐘，取出後立刻放入冰水中冷卻，剝殼備用。
3 將醬油、味醂、水以1:1:4的比例混合，煮滾即為滷汁。(也可加點五香粉或滷包)
4 將水煮蛋浸泡於放涼的滷汁中，放入冰箱冷藏1天即成滷溏心蛋。
5 蘿蔓生菜洗淨、切成適當大小，番茄洗淨、切成小塊。
6 將事先做好的溏心蛋切半，取一容器放入生菜、番茄、溏心蛋，擠些芥末醬、撒點黑胡椒，即可。

鮭魚玉米玉子燒

材料

雞蛋…… 3顆

牛奶…… 50ml

鮭魚…… 1片

玉米粒…… 適量

起司絲…… 適量

調味料

鹽…… ½茶匙

作法

1 鮭魚抹上一層薄鹽，入油鍋煎熟後，搗成碎末。

2 熱油鍋，放入碎鮭魚及玉米粒拌炒，炒好後盛起備用。

3 取一碗，將雞蛋打入，與鹽、牛奶一起攪拌均勻。

4 熱油鍋，倒入一半的蛋液，鋪滿整個鍋子，蛋開始產生氣泡後，再用筷子輕輕的攪開，將變熟的蛋液推至平底鍋其中一邊，鋪上一層鮭魚玉米粒及起司絲。

5 接著再倒入另一半的蛋液，等到蛋液熟後，再捲到之前的蛋上面。

2

4

5

蔬菜咖哩歐姆蛋

材料

雞蛋…… 3顆
牛奶…… 3大匙
青椒…… 半個
紅、黃甜椒…… 各半個
洋蔥…… ¼個
蘑菇…… 10朵
起司絲…… 適量

調味料

鹽…… 少許
咖哩粉…… 適量

作法

1 將蛋打成蛋液，加入牛奶拌勻。
2 將青椒、甜椒洗淨、切丁，蘑菇洗淨，切片，洋蔥切絲。
3 熱鍋，爆香洋蔥，加蘑菇、青椒、甜椒，撒上咖哩粉及少許鹽，拌炒均勻後盛盤。
4 再次熱鍋，倒入蛋液以小火慢煎，待稍微成形時，再加入剛才盛盤的食材，撒上起司絲、咖哩粉。
5 將加入食材的蛋皮慢慢捲起即完成。

永婕媽媽經

★這是全素的，可加片起司片增添風味～如果想要吃肉，也可以加入培根或是火腿。

蕎麥涼麵

材料

紅蘿蔔…… 半根

小黃瓜…… 半根

雞蛋…… 2顆

蕎麥麵…… 100g

調味料

日式柴魚醬油…… 適量

鹽…… 少許

作法

1 紅蘿蔔洗淨、削皮、切絲，小黃瓜洗淨、切絲。

2 將日式柴魚醬油依1:6比例加水稀釋。

3 蕎麥麵煮好後立刻放入冰塊冰鎮。

4 雞蛋打成蛋液，加少許鹽拌勻，倒入平底鍋中，以小火煎成蛋皮後，切絲。

5 將冰鎮的蕎麥涼麵盛盤，鋪上紅蘿蔔絲、蛋絲、小黃瓜絲，依個人喜好加適量柴魚醬汁調味食用。

永婕媽媽經

★若不愛生紅蘿蔔的味道，切絲後可以先汆燙一下。若家裡有醬瓜也可加入，添增口感。

胡麻味噌烏龍冷麵

材料

梅花肉片…… 50g
高麗菜…… 50g
烏龍麵…… 1包
海苔絲…… 少許
白芝麻…… 少許

調味料

醬油…… 少許
味醂…… 少許

胡麻味噌醬材料

白芝麻…… 2大匙
白味噌…… 20g
味醂…… 2小匙
鮮奶油…… 2大匙

作法

1 **先做胡麻味噌醬：**將白芝麻放入攪拌機中打成粉末，加入味噌、味醂、鮮奶油攪拌均勻，即成。
2 將豬肉片用少許醬油跟味醂醃漬數分鐘，備用。
3 高麗菜洗淨、切絲，備用。
4 取一湯鍋加水煮沸，將烏龍麵放入煮開。
5 取一碗，將煮好的烏龍麵撈起，先沖冷水，再放入冰塊中冰鎮，備用。
6 熱油鍋，放入醃漬好的豬肉片及高麗菜絲，炒至肉片變色，靜置放涼。
7 將胡麻味噌醬汁加進冷卻的烏龍麵裡拌勻，再放上豬肉及高麗菜，撒上芝麻及海苔絲。

6

日式炒烏龍

材料

冷凍烏龍麵…… 2包

火鍋牛肉片…… 6~8片

金針菇…… 半包

（也可用香菇取代）

鮮香菇…… 2朵

青江菜…… 100g

魚板…… 3~4片

洋蔥…… ¼個

紅蘿蔔…… ⅓根

調味料

日式柴魚醬油…… 2大匙

鹽…… 少許

烏醋…… 1茶匙

味醂…… 1茶匙

作法

1 洋蔥切絲，青江菜洗淨、切段，紅蘿蔔切絲，金針菇切除根部後切段，香菇切絲，烏龍麵退冰，備用。

2 熱油鍋，放入洋蔥爆香後，將牛肉片下鍋快炒，翻炒同時加入日式醬油。

3 放入金針菇、香菇、紅蘿蔔、青江菜、魚板一起快炒。

4 加入烏龍麵燜煮3~5分鐘。

5 最後加入烏醋、味醂、鹽調味。

烏龍湯麵

材料

雞蛋…… 1顆

烏龍麵…… 1包

金針菇…… 少許

豬肉火鍋片…… 4~5片

油豆腐（或凍豆腐）2~3塊

香菇…… 1朵

青江菜…… 100g

魚板…… 2片

高湯…… 500ml

(自製或罐頭均可)

調味料

鹽…… 少許

昆布醬油…… 少許

作法

1 青江菜洗淨、切成適當大小，金針菇切除根部、切段，香菇切薄片。

2 豬肉片汆燙熟，盛起備用。

3 加熱高湯，陸續加入青江菜、香菇、油豆腐、金針菇，再加入烏龍麵煮滾。水滾時，打入一顆雞蛋，再加鹽調味（也可以加入些許昆布醬油）。

4 最後放入肉片及魚板。

DIY時間

自製高湯

材料

乾昆布…… 1片

柴魚…… 30g

水…… 1500ml

作法

煮一鍋水，放入昆布、柴魚一起煮半小時後，將昆布、柴魚撈起，即可。

永婕媽媽經

★如果喜歡吃辣的，可以加一點泡菜，滋味很不錯，還能幫助消化哦。

飛魚卵烏龍麵

材料

烏龍麵⋯⋯ 1包
鴻禧菇⋯⋯ ½包
（其他菇類也可以）
奶油⋯⋯ 2小匙
牛奶⋯⋯ 50ml
海苔絲⋯⋯ 少許
蛋黃⋯⋯ 1個

調味料

黑胡椒⋯⋯ 少許

飛魚卵蛋奶醬材料

蛋黃⋯⋯ 1個
帕馬森起司粉⋯⋯ 1大匙
鮮奶油⋯⋯ 50g
飛魚卵⋯⋯ 2~3大匙

作法

1 **製作飛魚卵蛋奶醬：**取一碗，打入蛋黃，加入帕馬森起司粉、鮮奶油，攪拌均勻後，加入飛魚卵即成。

2 將鴻禧菇洗淨、撕開。

3 取一鍋，爆香奶油，放入鴻禧菇拌炒。

4 加牛奶與少許的水，將整包烏龍麵放入鍋中，以中火煮到烏龍麵鬆開變軟，再加少許黑胡椒調味。

5 將飛魚卵蛋奶醬加入攪拌，拌勻後盛盤。

6 最後再撒上些許海苔絲、飛魚卵，打個蛋黃，即可。

飛魚卵優格義大利麵

材料

飛魚卵…… 適量
（或是鮭魚卵）
義大利麵…… 100g

調味料

鹽…… 適量
黑胡椒…… 適量

優格醬材料

橄欖油…… 2大匙
大蒜…… 2瓣
原味優格…… 150g
柳橙…… 1個

作法

1 **製作優格醬：**大蒜切碎末，柳橙洗淨、擠汁；取一碗，將橄欖油、大蒜、優格、柳橙汁攪拌均勻，即成優格醬。

2 煮一鍋水，將義大利麵放入煮熟。

3 取一平底鍋，加少許橄欖油，放入義大利麵與優格醬拌炒，加點鹽、黑胡椒調味，再擠點柳橙汁提味，最後撒上飛魚卵，即可盛盤。

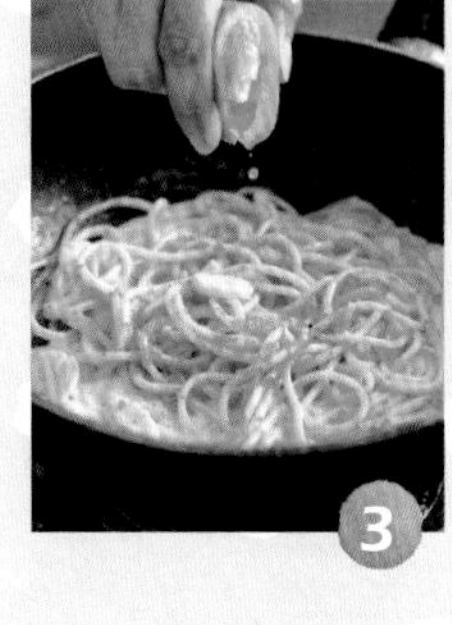

黃瓜芒果蝦冷麵

材料(約2人份)

黃瓜…… 2根
蝦仁…… 10隻
芒果…… 1個
檸檬汁…… 2~3茶匙
橄欖油…… 4大匙
罐頭玉米粒…… 少許
天使髮麵…… 200g

調味料

米酒…… 適量
鹽…… 適量
胡椒粉…… 適量

作法

1 黃瓜洗淨、切絲，芒果洗淨、去皮去籽、切丁。
2 蝦仁洗淨去腸泥後，用鹽、胡椒、米酒醃漬約20分鐘。
3 煮一鍋水，放入天使髮麵煮至全熟，放涼備用。
4 蝦仁入滾水汆燙至熟。
5 取一容器，將天使髮麵拌入黃瓜絲、蝦仁、芒果丁、玉米、橄欖油、檸檬汁攪拌均勻，再加入鹽、胡椒粉調味。

永婕媽媽經

★這是一道極清爽、開胃的料理，是適合夏天食用的消暑Brunch。

I♥MI
AMI

牛肉漢堡

材料

牛絞肉…… 500g
（約可做3~4個）
洋蔥…… 1個
雞蛋…… 2顆
薑…… 2片
漢堡麵包…… 1個
起司…… 2片
番茄…… 半顆
美生菜…… 適量

調味料

鹽…… ½茶匙
黑胡椒…… ½茶匙
肉豆蔻…… ¼茶匙
紅酒…… 50ml
胡椒鹽…… 少許

作法

1 洋蔥部分切末、部分切圈，薑切末，番茄洗淨、切片，美生菜洗淨、撕成適當大小，雞蛋打成蛋液，備用。
2 取一大碗或乾淨的盆，放入牛絞肉、洋蔥末、薑末、一半的蛋液及除胡椒鹽外的調味料一起攪拌均勻。
3 用手抓取肉餡在盆中摔打，增加一些黏性，將肉餡平均捏成圓形肉丸。
4 取一平底鍋，將漢堡排壓平，放入鍋中煎熟，撒上少許胡椒鹽。
5 剩下的蛋液做成炒蛋。
6 漢堡麵包稍微烤過後，依序鋪上漢堡排、起司、蛋、番茄、洋蔥圈或美生菜即可。

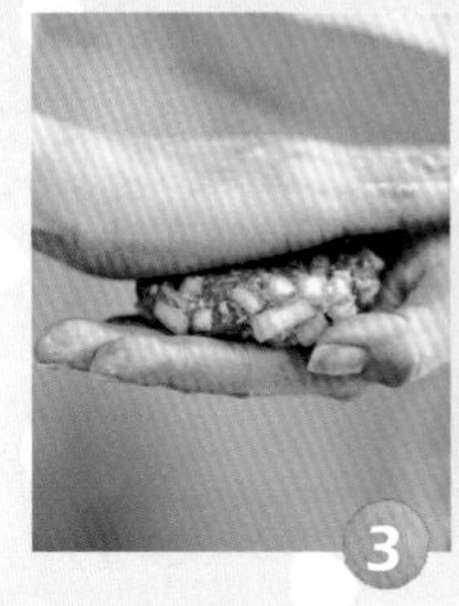
3

4

永婕媽媽經

★一次不妨多做一些漢堡排，放入冷凍庫冷凍，可隨時取用做成各式不同的菜色。

夏威夷漢堡飯

材料

漢堡排…… 1個
白飯…… 1碗
雞蛋…… 1顆
青花菜…… 數朵
罐頭鳳梨片…… 2片

調味料

日式醬油…… 適量
胡椒鹽…… 適量

作法

1 鳳梨切小片。青花菜洗淨，放入沸水中汆燙熟。
2 取一平底鍋，將漢堡排壓平（作法見P.75牛肉漢堡），放入鍋中煎熟，撒上胡椒鹽。
3 煎好的漢堡排，置於白飯上。
4 煎一個荷包蛋（蛋黃不要全熟），放置在漢堡排上。
5 淋上日式醬油後，再撒些胡椒鹽。
6 旁邊放上汆燙過的青花菜及鳳梨片即成。

永婕媽媽經

★此道為利用漢堡排做出的中式美味，只是稍微做點變化，就成一道全新菜色。

番茄牛肉丸義大利麵

材料

漢堡排⋯⋯ 2個
義大利麵⋯⋯ 100g
洋蔥⋯⋯ ½個
番茄⋯⋯ 1顆
番茄義大利麵醬⋯⋯ 200g

調味料

鹽⋯⋯ 適量
胡椒⋯⋯ 適量

作法

1 先將漢堡排捏成數個小丸子。(漢堡排作法見P.75牛肉漢堡)
2 洋蔥切絲；番茄洗淨，切塊。
3 熱油鍋，爆香洋蔥，續放入番茄及牛肉丸，再加入番茄義大利麵醬，撒些鹽、胡椒調味。
4 另取一湯鍋煮義大利麵，待麵熟後盛盤，澆上番茄牛肉丸醬汁。

3

永婕媽媽經

★一個漢堡排就可以變換出美式、中式、義式多種口味，保證家人吃不膩啦！

泰式打拋豬肉漢堡

材料

漢堡麵包…… 1個
豬絞肉…… 250g
雞蛋…… 1顆
荸薺…… 1個
九層塔…… 適量
番茄…… ¼顆
檸檬…… 半顆
蒜頭…… 2瓣
辣椒…… 1根
美生菜…… 1片

調味料

米酒…… 1茶匙
魚露…… 1大匙
醬油…… 1大匙
糖…… ½小匙
檸檬汁…… 1茶匙
鹽…… 少許

作法

1 番茄洗淨、切小塊，九層塔洗淨，蒜頭切末，辣椒切末，荸薺削皮、切末，美生菜洗淨，備用。
2 取一碗，放入一半豬絞肉、荸薺、少許辣椒末、鹽拌勻，做成肉排，入鍋煎熟，盛出備用。
3 熱油鍋，放入蒜末、辣椒末爆香，加另一半絞肉拌炒，再加米酒、魚露、醬油、糖、檸檬汁與番茄繼續翻炒。
4 放入九層塔，稍微拌炒後關火。
5 漢堡麵包切開烤過，先取一片麵包依序放上美生菜、肉排、打拋豬肉。
6 喜歡吃蛋的可以再煎個荷包蛋做搭配。

2

鱈魚排漢堡

材料

鱈魚排…… 1片

漢堡麵包…… 1個

雞蛋…… 2顆

麵粉…… 20g

麵包粉…… 50g

美生菜…… 1片

美乃滋…… 1大匙

調味料

鹽…… 少許

黑胡椒…… 少許

米酒…… 少許

作法

1 取一顆蛋打成蛋液備用，魚排以鹽、米酒稍醃一會兒。

2 將醃過的魚排依序沾上麵粉、蛋液、麵包粉。

3 熱油鍋，將魚排放入鍋中油炸，炸至呈金黃色，撈起備用。

4 將另一顆蛋煮成水煮蛋，剝殼後切碎，加美乃滋、黑胡椒拌勻成蛋沙拉。

5 將漢堡麵包切開，放三明治機中加熱。

6 取出漢堡麵包，依序放上洗好的美生菜、炸魚排、蛋沙拉，再蓋上另一半麵包。

炸起司雞排

材料

去骨雞胸肉…… 1片
起司絲…… 30g
低筋麵粉…… 20g
麵包粉…… 50g
大蒜…… 1~2瓣
雞蛋…… 1顆
白飯…… 1碗

調味料

鹽…… 適量
胡椒…… 適量

作法

1 雞蛋打成蛋液，蒜剁成蒜末，備用。
2 將去骨雞胸肉去皮，抹上鹽、蒜末、胡椒調味。
3 從雞胸肉中間切一半，但不要切斷，塞入起司絲。
4 將雞胸肉依序沾裹低筋麵粉、蛋液、麵包粉，壓緊。
5 熱油鍋，約120度，放入雞排炸約3~4分鐘，至表面金黃酥脆。
6 盛盤後，可配白飯及青菜，營養又飽足。

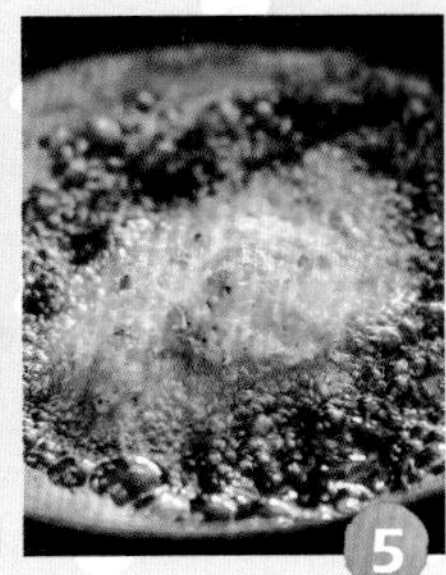

永婕媽媽經

★如果不想吃太飽，建議搭配水果或沙拉一起吃，滿足了口慾，也顧到了健康。

香菇菜肉鹹粥

材料

豬後腿肉絲…… 20g

鮮香菇…… 2~3朵

高麗菜…… 5片

白飯…… 1碗

作法

1 香菇切絲，高麗菜洗淨、切絲。

2 熱油鍋，爆香香菇後，再加入豬肉絲拌炒。

3 依序加入少許醬油、兩碗水、白飯、高麗菜絲小火慢煮。

4 最後加點鹽調味。

調味料

醬油…… 少許

鹽…… 少許

蚵仔菜脯鍋巴鹹粥

材料

蚵仔…… 100g
芹菜…… 1小段
蘿蔔乾…… 少許
飯…… 1碗
白蘿蔔…… ¼條
薑絲…… 少許

調味料

鹽…… 適量
胡椒…… 適量

作法

1 **製作鍋巴飯：**將乾飯（最好是隔夜飯）放入平底鍋，加少許油慢火煎至微脆，起鍋。
2 芹菜切末，白蘿蔔削皮、切絲，蘿蔔乾切碎，備用。
3 蚵仔洗淨，放熱水中稍汆燙，撈起，備用。
4 取一湯鍋，加水及白蘿蔔絲、薑絲，熬煮至白蘿蔔絲軟爛。
5 加入鍋巴熬煮，再加蚵仔續煮一會兒，以鹽及胡椒調味。
6 最後撒上芹菜、蘿蔔乾。

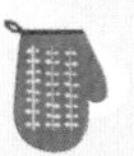

永婕媽媽經

★建議煎鍋巴的飯要乾一點，最好是用隔夜飯。

海鮮粄條

材料(2人份)

蝦仁……10隻
蛋豆腐……1盒
鮮香菇……2朵
玉米筍……3支
紅蘿蔔片……5片
毛豆……50g
粄條……3片
透抽……1隻
蒜末……少許

調味料

米酒……適量
蠔油……1茶匙
醬油……1茶匙
白胡椒粉……少許
太白粉……1茶匙
香油……少許
糖……¼茶匙
鹽……酌量
水……半碗

作法

1 玉米筍切半，香菇切片。
2 透抽切圈，蝦仁去腸泥，將透抽、蝦仁先用米酒、太白粉抓醃一下，備用。
3 蛋豆腐切成正方形薄片，煎至金黃色。
4 熱鍋爆香蒜末，放入香菇、透抽、蝦仁拌炒，再加蠔油、醬油、白胡椒粉、香油、糖、水。
5 放入毛豆、紅蘿蔔片、玉米筍、煎好的豆腐及粄條拌勻，稍微燜煮一下。
6 最後撒些許鹽調味即可。

3

5

麵飯打架

材料（2人份）

日式炒麵
（or拉麵）…… 100g
白飯…… 1碗（隔夜冷飯）
蒜末…… 少許
豬肉絲…… 50g
高麗菜…… ¼個
金針菇…… 1包
洋蔥…… ¼個
青蔥…… 1支

調味料

日式醬油…… 2大匙
味醂…… 2茶匙
烏醋 …… ¼茶匙
鹽…… 少許
胡椒粉…… 少許

作法

1 高麗菜洗淨、切絲，洋蔥切絲，金針菇去除根部、切段，青蔥切蔥花，備用。

2 取一湯鍋，先將麵煮熟後，剪短備用。

3 熱油鍋，爆香蒜末、洋蔥絲，再加入豬肉絲拌炒。

4 肉絲炒熟後，加入冷飯、高麗菜絲、金針菇一起拌炒，續加入炒麵，再以醬油、味醂、鹽、胡椒粉調味，最後淋上一點烏醋。

5 起鍋前，加入大量的蔥花，即可盛盤。

番茄淡菜

材料(2人份)

法國麵包…… 半條
番茄…… 2個
洋蔥…… ½個
淡菜…… ½顆
番茄義大利麵醬…… 2大匙
橄欖油…… 少許

調味料

鹽…… 少許
胡椒…… 少許

作法

1 洋蔥切丁；番茄洗淨，部分切丁、部分切塊。
2 取一平底鍋，倒入橄欖油，爆香洋蔥，再加入番茄丁拌炒一下。
3 加少許水及番茄義大利麵醬，小火燉煮至番茄軟爛，加入淡菜燉煮，再加少許鹽、胡椒調味。
4 燉煮至淡菜開口時，加入番茄塊稍作拌炒，起鍋盛盤。
5 將法國麵包切片放置盤子一旁，搭配沾料吃。

3

番茄海鮮湯

材料(約2人份)

洋蔥…… ½顆
番茄…… 2顆
番茄義大利麵醬
…… 3大匙
蝦子…… 4~6尾
蛤蜊…… 200g
透抽…… 半隻

作法

1 洋蔥、番茄切小丁，透抽切圈。
2 熱油鍋，爆香洋蔥，待香氣散出，放入番茄略炒，加入少許水，熬煮番茄、洋蔥。
3 再加約600ml的水與義式番茄醬煮滾。
4 依序放入透抽、蝦子，最後放入蛤蜊，煮到蛤蜊開口，即可。

永婕媽媽經

★這是我家寶貝們最愛的一道早餐，我通常會煮一大鍋，晚上繼續享用。

延伸美味

★加入義大利麵稍煮，即成義式番茄海鮮湯麵。

蔥味肉鬆捲

材料(2人份)

吐司…… 2片
雞蛋…… 2顆
青蔥…… 2支
肉鬆…… 適量
沙拉醬…… 2大匙

調味料

胡椒…… 少許

作法

1 蔥洗淨、切蔥花，吐司切邊、抹一層沙拉醬，備用。

2 雞蛋打散成蛋液，加入蔥花、胡椒拌勻。

3 熱油鍋，倒入蛋液，待蛋呈半熟時放上吐司，並撒上肉鬆。

4 將蛋皮連同肉鬆吐司一併捲起後，切成小塊。

3

4

delicious!

香蔥蛋餅

餅皮材料（約可做4片）

高筋麵粉…… 60g

太白粉…… 15g

水…… 120ml

鹽…… 少許

其他材料

雞蛋…… 1片蛋餅1顆

蔥花…… 適量

作法

1 將高筋麵粉、太白粉、水、鹽攪拌均勻，靜置10分鐘。

2 將雞蛋打散，倒入蔥花，拌勻備用。

3 熱油鍋，慢慢倒入適量麵糊，轉動平底鍋讓麵糊均勻攤開。

4 將蔥花蛋液蓋在餅皮上，約1分鐘翻面，待蛋熟即可捲起切片。

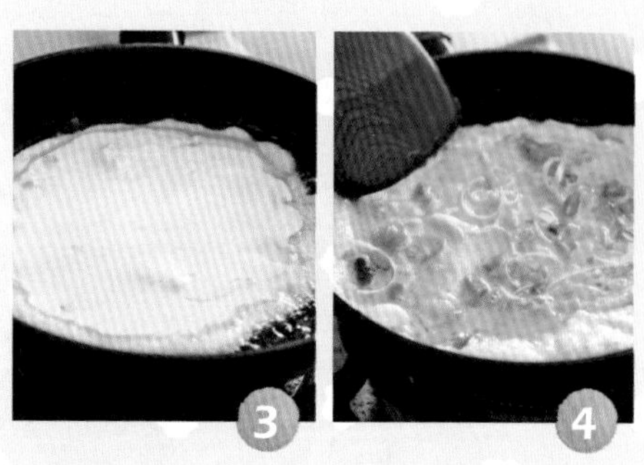

永婕媽媽經

★除了品嘗原味，也可隨意加入玉米、肉鬆、起司片等變換口味。

薑燒豬肉三明治

材料

吐司…… 2片
薑…… 1塊
豬五花燒烤片…… 100g
洋蔥…… ½個
高麗菜…… 2~4片

調味料

日式醬油…… 3大匙

作法

1 **先製作薑汁：**把薑削皮後切片，用刀背略拍一下後，放入碗內，再放電鍋中蒸，外鍋加一杯水，蒸好後即成薑汁。
2 洋蔥切絲，高麗菜洗淨、切絲，備用。
3 五花肉用薑汁及日式醬油醃漬數分鐘。
4 熱油鍋，爆香洋蔥，加入醃好的五花肉翻炒，再加醃肉的醬汁調味，最後加入高麗菜絲拌炒。
5 吐司烤好後，將炒好的燒肉鋪在一片吐司上，再放上另一片烤好的吐司即成。

鮭魚彩椒厚片吐司

材料

厚片吐司…… 1片

鮭魚…… 1片

黃、紅椒…… 各½個

蘑菇…… 5朵

起司醬…… 適量

帕瑪森起司粉…… 適量

調味料

鹽…… ¼茶匙

胡椒…… 少許

作法

1 紅、黃椒分別洗淨、切絲，蘑菇洗淨、切小塊，備用。

2 熱油鍋，放入鮭魚煎熟後取出，將鮭魚肉切碎，備用。

3 將紅、黃椒、蘑菇鋪在三明治機上稍烤後取出。

4 將鮭魚肉與烤過的紅、黃椒、蘑菇一起攪拌，並加鹽、胡椒調味。

5 厚片吐司上塗抹一層起司醬，鋪上鮭魚、彩椒，再撒上帕瑪森起司粉即完成。

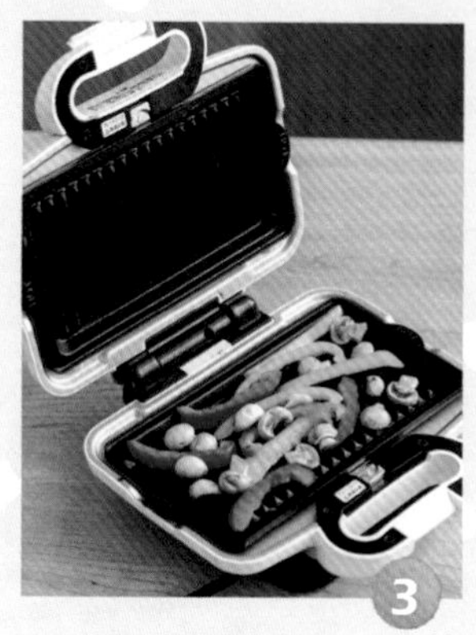

永婕媽媽經

★利用三明治機烤蔬菜，也算是省時省力的做菜巧思哦。

雞蛋鮪魚沙拉三明治

材料

吐司…… 3片

鮪魚罐頭…… 80g

洋蔥…… ¼個

雞蛋…… 2顆

小黃瓜…… ½根

番茄…… ½顆

沙拉醬…… 4大匙

調味料

鹽…… 少許

胡椒鹽…… 少許

作法

1 洋蔥切丁，小黃瓜洗淨、切丁，番茄洗淨、切丁，罐頭鮪魚將油瀝乾，備用。

2 取一碗，依序放入洋蔥丁、番茄丁、小黃瓜丁、鮪魚、2大匙沙拉醬、胡椒鹽，攪拌均勻，即成洋蔥鮪魚沙拉。

3 取一小湯鍋，將2顆雞蛋煮到全熟。

4 將水煮蛋取出剝殼，置於容器內搗碎，再加入2大匙沙拉醬、鹽調味，備用。

5 將一片吐司抹上剛才拌勻的雞蛋沙拉，再放一片吐司，在第二層吐司放上洋蔥鮪魚沙拉，蓋上第三片吐司即可。

蛋包三明治

材料

吐司…… 2片
雞蛋…… 2顆
小黃瓜…… 1根
火腿…… 2片
牛奶…… 2茶匙
沙拉醬…… 2大匙

作法

1 小黃瓜洗淨、切薄片，備用。
2 取一碗打入雞蛋，再加入牛奶，一起打散成蛋液。
3 取一平底鍋熱油，倒入蛋液，煎成薄薄的蛋皮。
4 吐司去邊，鋪在蛋皮上。
5 將沙拉醬均勻抹在吐司上，再依序鋪上火腿、小黃瓜薄片。
6 將蛋皮捲起切塊即可。

焦糖香蕉法式吐司

材料

香蕉…… 1~2根
雞蛋…… 1顆
厚片吐司…… 1片
細砂糖…… 100克
水…… 50ml
白芝麻…… 少許

作法

1 香蕉直切對半，蛋打成蛋液，備用。
2 厚片吐司沾上蛋液，放入三明治機烤。
3 將水倒入鍋中，再倒入細砂糖，稍微攪拌一下使糖與水混合均勻。
4 開小火煮糖水，煮至糖水呈咖啡色，放入香蕉。
5 待香蕉一面上色，即可翻面，至兩面皆呈深咖啡色即可。
6 將焦糖香蕉排放於烤好的法式吐司上，可撒些白芝麻點綴。

4

5

永婕媽媽經

★煎香蕉時，要隨時注意翻面，以免焦掉了。

為心愛的家人做料
理，手上忙著，心
裡卻是甜甜的！

這道菜比什麼鬧鐘都厲害，聞到香味，孩子們立刻爬起床。
忙完孩子，該換我好好地享受美食了。

Chapter 3

輕鬆享受好食光

慢慢上桌的
悠閒Brunch

放假的日子，不必趕早，
好整以暇地為自己準備一份豐盛的早午餐，
配上一杯十足療癒的濃醇咖啡，
就用香氣誘人的美食，
好好地寵愛自己一下吧！

炸荷包蛋莎莎醬沙拉佐法國麵包

材料

雞蛋…… 4顆
法國麵包…… 1條（切片）

莎莎醬調味料

鹽…… ½小匙
胡椒鹽…… 少許
檸檬汁…… 少許

莎莎醬材料

番茄…… 2個
洋蔥…… 半個
西洋芹…… 半根
小黃瓜…… 半根
青紅黃彩椒…… 各半個
蒜頭…… 1瓣
橄欖油…… 2大匙

作法

1 **先製作莎莎醬**：將番茄、西洋芹、小黃瓜、三色彩椒分別洗淨、切丁，洋蔥切丁，蒜頭切末。
2 取一大碗，放入所有切好的材料，再加入橄欖油、鹽、胡椒鹽及少許檸檬汁充分攪拌，即為莎莎醬，備用。
3 倒油入鍋中，小火加熱至冒煙後，熄火冷卻。
4 再重新倒入一次較少的油，以中火加熱。
5 先將一顆蛋打入小碗後慢慢倒入鍋中，油炸至蛋白變白，在整體變成金黃色前不要攪動，炸至蛋黃半熟後取出裝盤。（剩下的雞蛋也用同樣的方式炸過取出）
6 在蛋上淋上大量的莎莎醬，一旁附上切成薄片的法國麵包。

2

5

奶油蘆筍燉飯

材料

蘆筍…… 1把
蘑菇…… 2朵
紅蘿蔔…… ½根
奶油…… 15g
牛奶…… 200ml
義大利米…… 100g

調味料

胡椒鹽…… 少許

作法

1 紅蘿蔔削皮、切小塊，蘆筍洗淨、削去老皮、切段，蘑菇洗淨、切片，備用。
2 蘆筍放入滾水中汆燙熟。
3 熱鍋放入奶油，待奶油融化，將義大利米放入鍋內拌炒，再加牛奶、紅蘿蔔、蘑菇，一起以小火燉煮，過程中要記得時常攪拌，若太乾可再加些牛奶。
4 燉煮至呈濃稠狀時，撒上胡椒鹽調味。
5 最後擺上蘆筍即可。

香煎干貝奶油南瓜燉飯

材料(約2人份)

干貝…… 3~4個
奶油…… 30g
南瓜…… 半個
義大利米…… 160g(約2人份)
牛奶…… 240ml
洋蔥…… 少許(切塊)
蘑菇…… 3朵(切片)
蛤蜊…… 8顆

調味料

鹽…… 適量
胡椒…… 適量

作法

1 平底鍋加熱，放適量奶油，將干貝煎至表面金黃，撒少許鹽、胡椒調味，盛起備用。
2 南瓜洗淨、削皮、切塊，置於大碗中，放入電鍋，外鍋加2杯水，蒸熟後取出壓成泥，再加牛奶混合。
3 奶油放入熱鍋中，爆香洋蔥，倒入南瓜牛奶汁，再加義大利米、蘑菇片，轉小火慢慢燉煮。(中途如果太乾，可再加牛奶)
4 最後放入蛤蜊、煎好的干貝稍微燉煮，待蛤蜊開口，加點鹽、胡椒調味。

南瓜牛奶蔬菜濃湯

材料

南瓜…… 半個
牛奶…… 300ml
紅蘿蔔…… 半根
洋蔥…… ¼個
蛤蜊…… 3顆
蘑菇…… 6朵

調味料

鹽…… ¼茶匙
黑胡椒…… 少許

作法

1 南瓜切開去籽、切滾刀塊，紅蘿蔔削皮、切滾刀塊，蘑菇切片，洋蔥切絲。
2 將南瓜放入電鍋中，外鍋加2杯水，蒸至軟熟後取出，再投入果汁機內打成泥。
3 取一湯鍋，放入南瓜泥、牛奶與少許水，續加進紅蘿蔔、洋蔥與蘑菇煮至滾。
4 加入蛤蜊，煮至開口，加鹽、黑胡椒調味即成。

1

2

青花菜鮭魚筆管麵

材料（2人份）

鮭魚…… 1片

青花菜…… 半個

筆管麵…… 100g

帕瑪森起司粉…… 適量

番茄奶醬材料

無鹽奶油…… 30g

中筋麵粉…… 30g

牛奶…… 300ml

番茄糊…… 5茶匙

番茄奶醬調味料

鹽…… 2茶匙

黑胡椒粉…… 適量

作法

1 **先製作番茄奶醬：**將奶油、番茄糊放入鍋裡加熱。轉小火，慢慢加入牛奶、麵粉攪拌至濃稠，再加入鹽、黑胡椒調味即成。

2 鮭魚煎熟切成小塊，青花菜洗淨、切大朵。

3 青花菜放入沸水中汆燙熟取出備用，筆管麵也燙熟備用。

4 取一烤盤，將筆管麵和番茄奶醬攪拌均勻，再鋪上鮭魚塊和青花菜，放入180度烤箱中烤10分鐘，取出後撒上帕馬森起司粉。

雞肉起司地瓜泥筆管麵

材料(2人份)

地瓜⋯⋯ 2~3條
橄欖油⋯⋯ 1大匙
雞胸肉⋯⋯ 1片
筆管麵⋯⋯ 100g
起司絲⋯⋯ 適量

調味料

鹽⋯⋯ 2茶匙
胡椒粉⋯⋯ 少許

作法

1 地瓜洗淨、連皮切塊；雞胸肉先以適量鹽及胡椒粉塗抹，靜置入味。
2 將地瓜放入電鍋中，外鍋加2杯水，蒸至軟爛，壓成泥。
3 取鍋煮沸水，放入筆管麵煮熟。
4 平底鍋內倒入橄欖油，將雞胸肉煎熟，切條。
5 將地瓜泥與雞肉條混合，拌入煮熟的筆管麵，再以鹽、胡椒調味，上面撒滿起司絲。
6 放入預熱180度的烤箱烤30分鐘，即可。

6

蘋果肉丸貝殼麵

材料(2人份)

無鹽奶油…… 15g
青蘋果…… 1顆
白酒…… 4大匙
牛絞肉…… 150g
豬絞肉…… 150g
麵包粉…… 30g
雞蛋…… 1顆
貝殼麵…… 200g
番茄義大利麵醬…… 250ml
帕瑪森起司粉…… 適量

調味料

鹽…… 適量
黑胡椒…… 適量

作法

1 青蘋果洗淨、去皮、去核、切丁，貝殼麵煮熟備用。
2 熱鍋，以小火融化無鹽奶油，加入蘋果丁拌炒均勻後，倒入白酒繼續煮至軟爛，再以湯匙壓泥，放涼備用。
3 待涼後，加入牛絞肉、豬絞肉、雞蛋，混合攪拌均勻，揉成直徑約3公分的丸子。
4 將丸子均勻沾上些許麵包粉，入油鍋中煎至兩面呈棕色。
5 取一烤盤，將貝殼麵和番茄義大利麵醬拌勻，再放入數粒肉丸子。
6 放進預熱180度的烤箱，烤20~25分鐘。
7 最後撒上帕瑪森起司粉，即可。

2

4

蘑菇火腿貝殼麵

材料(2人份)

橄欖油…… 2大匙
大蒜…… 2瓣
蘑菇…… 6朵
火腿…… 3片
麵包粉…… 適量
貝殼麵…… 200g
牛奶…… 120ml
義式白醬…… 約200ml
冷凍毛豆(或青豆)…… 適量

調味料

鹽…… 少許
胡椒粉…… 少許

作法

1 蘑菇洗淨、切丁，火腿切丁，大蒜去皮、拍碎，冷凍毛豆燙熟。
2 貝殼麵放滾水中煮熟，備用。
3 平底鍋加些許橄欖油，將大蒜煎至金黃色。
4 加入蘑菇、火腿炒出香味，再加貝殼麵攪拌均勻，以鹽、胡椒調味。
5 取一烤皿放入貝殼麵，淋上牛奶、白醬，撒上麵包粉。
6 送進烤箱，以180度烤15分鐘，最後撒上毛豆。

鮮蝦干貝毛豆天使麵

材料（1人份）

蝦仁…… 5隻
白酒…… 1大匙
毛豆…… 30g
奶油…… 適量
天使麵…… 100g
干貝…… 2~3個
起司粉…… 少許

調味料

日式和風醬油…… 2大匙
鹽…… 適量
黑胡椒…… 適量
美乃滋…… 2大匙

作法

1 先將蝦仁去腸泥，毛豆燙熟。
2 平底鍋加熱，放入奶油，再加進蝦仁炒至變色，撒少許鹽、黑胡椒，淋上白酒調味後，盛起備用。
3 重新熱鍋，放入奶油，將干貝煎至表面呈金黃色，撒些鹽、黑胡椒調味，盛起備用。
4 取一碗，將美乃滋、和風醬油、少許黑胡椒拌勻，調成醬料。
5 取湯鍋煮沸水，將天使麵放入煮熟後，將麵撈起，過冷水。
6 天使麵盛盤，依序加入蝦子、毛豆，再倒醬料攪拌均勻後，撒點黑胡椒。
7 最後放上煎好的干貝，撒上少許起司粉即可。

1

6

龍蝦義大利麵

材料(2人份)

龍蝦…… 1隻
番茄…… 2~3顆（切塊）
洋蔥…… 1個（切絲）
蒜瓣…… 數瓣
義大利麵…… 200g
奶油…… 30g
番茄paste醬…… 400ml

海鮮湯材料

蛤蜊…… 10顆
洋蔥…… 1個
甜椒…… 1個
高麗菜…… ¼個

調味料

鹽…… 少許
黑胡椒…… 少許

作法

1. **先烤龍蝦：**烤箱預熱210度，將龍蝦放入，烤約7~8分鐘。
2. 龍蝦烤好後取出，將頭、身體分離，身體部分蝦肉取出切塊；所有蝦殼、蝦頭，再放進烤箱繼續烤20~25分鐘，烤至蝦殼變薄。
3. **製作海鮮高湯：**湯鍋中加500ml水，放進烤過的龍蝦殼及所有海鮮湯材料，煮1小時，即成。
4. **製作龍蝦義大利麵：**熱鍋，加奶油爆香蒜瓣，再倒入龍蝦肉拌炒，撒少許鹽、黑胡椒調味，起鍋備用。
5. 取一湯鍋將義大利麵煮熟。
6. 另起油鍋，爆香洋蔥，加番茄拌炒，依序倒入海鮮高湯、番茄paste醬拌勻後，再加義大利麵拌煮，並以鹽、黑胡椒調味，盛盤。
7. 放上炒好的龍蝦肉，另放上蝦頭擺盤。

2

紅燒番茄牛肚義大利麵

材料

牛肚…… 1塊
番茄…… 3顆
洋蔥…… 1個
紅酒…… 2大匙
義大利麵…… 100g
橄欖油…… 適量

調味料

醬油…… 2大匙
鹽…… 1茶匙
冰糖…… 1大匙
黑胡椒…… 少許
羅勒香料粉…… 少許

作法

1. **先製作紅燒牛肚醬：**將牛肚切成條狀，番茄洗淨後切塊，洋蔥切絲。
2. 熱油鍋，爆香洋蔥，加入番茄拌炒（留少許備用），再加些水，煮到番茄塊軟爛。
3. 依序放入牛肚、500ml水、醬油、冰糖、鹽、紅酒，以小火燉煮40~50分鐘至牛肚軟爛，起鍋前撒些黑胡椒、羅勒粉，即完成紅燒牛肚醬。
4. 煮一大鍋水，待水滾加點鹽，放入義大利麵，煮熟後撈出，可再拌些橄欖油。
5. 將義大利麵放入平底鍋中，加紅燒牛肚醬及剩餘的番茄塊拌炒，可再加點紅酒增添風味。

永婕媽媽經

★紅燒牛肚醬也可當沾醬，搭配法國麵包吃，滋味很不錯哦。

紅酒番茄牛肉麵

材料(3人份)

牛腱或牛肋條…… 約600g
牛番茄…… 2~3顆
洋蔥…… 1個
番茄paste醬…… 1罐(約170g)
紅酒…… 350ml
紅蘿蔔…… 2~3根
青江菜…… 100g
拉麵…… 300g
奶油…… 15g

調味料

鹽…… 1茶匙
胡椒粉…… 適量
醬油…… 少許
冰糖…… 1大匙

作法

1 牛番茄洗淨、切塊，洋蔥去皮、切丁，紅蘿蔔削皮、切塊，青江菜洗淨。
2 牛腱切塊，入滾水汆燙、去浮沫，青江菜入滾水汆燙熟。
3 熱鍋放入奶油，加洋蔥炒至香氣溢出，續放入牛番茄塊稍煮，再加牛腱肉炒熟。
4 加1000ml的水、紅酒、番茄paste醬燉煮，再加醬油、鹽、冰糖、胡椒粉調味。
5 燉煮1.5小時後，再加入紅蘿蔔塊續煮約1小時。
6 另取一鍋煮水，待滾後放入麵條煮熟，放入牛肉湯中即可。

3

永婕媽媽經

★這道菜也可以隨自己喜好加入牛肚或牛筋一起燉煮。
★做成西式義大利麵或中式牛肉麵，味道都很合。

紅燒小獅子頭拉麵

材料（2人份）

豬絞肉…… 300g
蛤蜊…… 5~6顆
荸薺…… 5~6顆
薑…… 少許
蔥白…… 少許
白菜…… ¼個
拉麵…… 160g
雞蛋…… 1顆
太白粉…… 少許

調味料

醬油…… 2大匙
味醂…… 1茶匙
香油…… 2大匙
鹽…… 1茶匙
黑胡椒…… 少許

作法

1. 先做紅燒小獅子頭：將荸薺切碎，薑切末，蔥白切末。
2. 取一大碗，放入豬絞肉，拌入切碎的荸薺、薑末、蔥末，加醬油、味醂、香油、鹽、胡椒攪拌均勻，再打入雞蛋拌勻後，加少許太白粉拌至稠狀。
3. 手上沾些許太白粉，將肉丸子捏成型。
4. 熱油鍋，放入肉丸子，煎至表面金黃色即可。
5. 將拉麵煮熟，撈起備用。白菜洗淨、切成適當大小。
6. 湯鍋內加1000ml水，將肉丸子及白菜放入一起燉煮至白菜軟爛，加入蛤蜊煮開，再放進煮好的拉麵，最後加鹽調味。

3

4

永婕媽媽經

★拉麵也可以改成寬粉條，品嚐不同的口感！

羅宋湯

材料(2人份)

牛肋條…… 2~3條(約600g)
紅蘿蔔…… 1根
馬鈴薯…… 1顆
高麗菜…… ¼個
番茄…… 2顆
洋蔥…… 半個

調味料

鹽…… 2茶匙

作法

1 牛肋條切塊，紅蘿蔔、馬鈴薯削皮、切塊，番茄、洋蔥切塊，高麗菜洗淨、切成適當大小。
2 煮一鍋水，待滾後放入牛肋條汆燙去血水、浮渣，取出備用。
3 熱油鍋，拌炒洋蔥及牛肉，取出備用。
4 取一大湯鍋，先加入約1000ml的水，依序將拌炒好的洋蔥及牛肉、紅蘿蔔、番茄、馬鈴薯，一起放進鍋內燉煮約40分鐘。
5 再加入高麗菜，續煮約10分鐘，最後加鹽調味。

2

永婕媽媽經

★這道湯也可以加入麵，做成「羅宋湯麵」，營養又美味。

蘿蔔排骨酥麵

材料

排骨…… 500g
麵粉…… 20g
地瓜粉…… 30g
中式麵條…… 100g
白蘿蔔…… 半根
蔥白…… 1段

醃料

醬油…… 2大匙
米酒…… 2茶匙
味醂…… 1大匙
五香粉…… 1茶匙
水…… 2大匙
蒜頭…… 1粒(切末)

調味料

鹽…… 少許
胡椒鹽…… 少許

作法

1 將排骨混合所有醃料醃漬入味，並放入冰箱冷藏半天。
2 排骨從冰箱取出後，將麵粉加入醃好的排骨中拌勻，並在每塊排骨上均勻沾抹地瓜粉，放置5~10分鐘，備用。
3 熱油鍋至約160度，下排骨炸至金黃酥脆。
4 將炸好的排骨起鍋並瀝油，撒上胡椒鹽。
5 將蔥白切絲。白蘿蔔削皮、切滾刀塊，加水煮至熟軟，再放入炸好的排骨酥及蔥絲，加少許鹽調味。
6 另煮一鍋滾水下麵條，將煮熟的麵加至排骨蘿蔔湯中。

2

3

622

海鮮粥

材料(2人份)

蝦子…… 2~3尾
蛤蜊…… 5~6顆
螃蟹…… 1隻
白菜…… 半個
蔥花…… 適量
雞蛋…… 2顆
白飯…… 2碗
薑…… 2片

調味料

胡椒鹽…… 2茶匙

作法

1 白菜洗淨、切片,雞蛋打成蛋液,備用。
2 取一鍋,加1000ml水及薑片。煮滾後,放入螃蟹,待螃蟹煮熟後先撈起,切塊備用。
3 鍋中依序放入白飯、白菜、蝦子,以小火熬煮至呈濃稠狀。
4 放入螃蟹以及蛤蜊,再慢慢倒入蛋液。
5 待蛤蜊開口,撒上蔥花及胡椒鹽調味。

永婕媽媽經

★也可在超市買已切塊處理好的螃蟹,較省事。

涼拌山藥沙拉

材料

山藥…… 半支
小黃瓜…… 2根
洋蔥…… ¼個
腐竹…… 10片（或豆皮2~3片）
海苔絲…… 少許

調味料

日式芝麻沙拉醬…… 適量
日式和風醬…… 適量

作法

1 先將腐竹泡熱水30分鐘後冰鎮、切絲（如果是使用豆皮也是燙過後再切絲）。
2 小黃瓜洗淨、切絲，山藥洗淨、切絲，洋蔥切絲。
3 取一盤子，依序鋪上小黃瓜絲、腐竹絲、山藥絲，最後放上少許的洋蔥絲。
4 淋上和風醬、芝麻沙拉醬，最後撒海苔絲即完成。

泡水前

泡水後

1

2

鮭魚炒飯

材料

鮭魚…… 1片
冷飯…… 2碗
雞蛋…… 2顆
青蔥…… 2支
海苔片…… 依個人喜好

醃料

米酒…… 1大匙
鹽…… ¼茶匙

調味料

鹽…… ½茶匙
黑胡椒…… 少許
醬油…… 1茶匙

作法

1 鮭魚抹鹽、浸米酒，放置15分鐘入味。
2 青蔥切末，蛋打成蛋液，備用。
3 熱油鍋，放入鮭魚，以小火慢煎至熟，盛盤後用叉子先將鮭魚肉搗碎備用。
4 熱油鍋，加入冷飯、鮭魚碎肉，迅速翻炒均勻後，再倒人蛋液、青蔥末翻炒，加鹽、胡椒調味。
5 均勻翻炒3~4分鐘後，最後加入醬油略微翻炒。
6 將炒好的鮭魚炒飯放置小魚形狀烤盤，放至烤箱中約烤2分鐘後取出，並包上一層海苔。

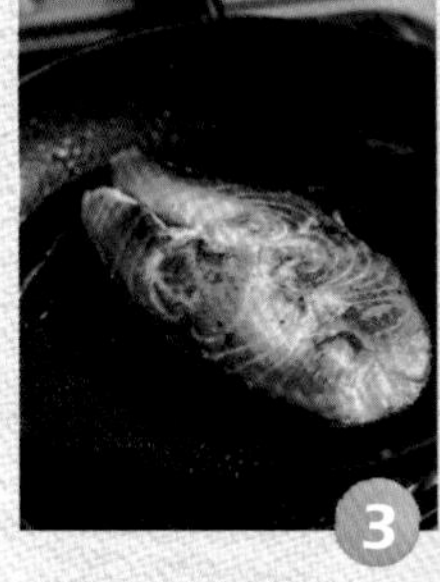
3

4

6

永婕媽媽經

★把原本平淡的鮭魚炒飯稍做變化，用可愛模型加烤箱烤一烤就成鮭魚烤飯糰了，等於又多了一道拿手菜。

韓式牛肉炒冬粉

材料(2人份)

韓國冬粉…… 150g
牛肉絲…… 150g
紅蘿蔔…… ⅓根
小黃瓜…… ½根
乾香菇…… 3朵
黑木耳…… 2朵
菠菜…… 150g
白芝麻…… 少許
蒜末…… 少許

醃料

醬油…… 1茶匙
糖…… ¼茶匙
米酒…… 1茶匙
麻油…… 1茶匙
太白粉…… 1茶匙

調味料

醬油…… 2大匙
糖…… 1茶匙
麻油…… 適量

作法

1 冬粉放入冷水中泡軟，小黃瓜切絲，紅蘿蔔削皮、切絲，香菇泡軟、切絲，黑木耳切絲，菠菜洗淨、切段。
2 牛肉絲以醃料醃30分鐘。
3 熱油鍋，爆香蒜末，加入牛肉絲、香菇絲、紅蘿蔔絲一起拌炒。
4 續加入泡好的冬粉、黑木耳、菠菜翻炒，加醬油、糖調味，燜煮一下，最後加小黃瓜絲，滴少許麻油。
5 盛盤後撒上些許白芝麻。

1

永婕媽媽經

★如果喜歡吃辣的，可以將菠菜換成泡菜。

越式番茄雞肉麵

材料

土雞腿肉…… 1隻
番茄…… 2顆
香菇…… 2朵
薑…… 2~3片
金針菇…… ⅓束
蔥花…… 少許
香菜…… 少許
越南麵…… ⅓包

調味料

鹽…… 適量
黑胡椒…… 適量

作法

1 香菇泡軟，番茄洗淨、切塊，備用。
2 土雞腿肉切塊後汆燙備用。
3 鍋中加水約800ml，依序放入雞肉塊、香菇、薑片煮30分鐘。
4 放入番茄，煮至軟爛後，再加金針菇、越南麵煮至熟。
5 最後加適量鹽、胡椒調味。
6 盛盤後，再撒上蔥花、香菜。

3

永婕媽媽經

★偶爾換換不同的口感，可以增加新鮮感，越南麵在超市就可以買到嘍！

薯泥蛋餅

材料（約2人份）

中筋麵粉⋯⋯ 80g
牛奶⋯⋯ 120ml
雞蛋⋯⋯ 2顆
馬鈴薯⋯⋯ 4顆
火腿⋯⋯ 2片
洋蔥⋯⋯ ¼個
小黃瓜⋯⋯ 半根
蘋果⋯⋯ 半顆

調味料

鹽⋯⋯ 適量
胡椒粉⋯⋯ 適量
沙拉醬⋯⋯ 1.5茶匙

作法

1 **先作蛋餅皮**：雞蛋打成蛋液。取一大碗，將中筋麵粉與牛奶攪拌均勻，再加入蛋液拌勻成麵糊。平底鍋加熱，將麵糊倒入煎成餅皮，取出備用。
2 洋蔥切末、火腿切小丁，小黃瓜、蘋果洗淨、切小丁，備用。
3 馬鈴薯洗淨、削皮，放鍋中加水煮至熟軟（也可放電鍋蒸）。將已熟軟的馬鈴薯壓成薯泥備用。
4 熱油鍋，先將洋蔥與火腿炒香，盛起備用。
5 將蘋果丁、小黃瓜丁和炒香的洋蔥、火腿丁一起拌入薯泥中，再加沙拉醬、鹽、胡椒粉調味。
6 將剛才煎好的蛋餅皮，抹上攪拌均勻的薯泥，再疊一層蛋餅，再抹一層薯泥後，切塊裝盤。

菠菜法式鹹派

材料(可做2份)

厚片吐司…… 2片
菠菜…… 100g
培根…… 2片
雞蛋…… 1顆
奶油…… 15g
起司絲…… 40g
牛奶…… 240ml

調味料

鹽…… 適量
粗粒黑胡椒…… 適量

作法

1 菠菜洗淨，切成4~5公分長段，培根切成約1公分寬片。
2 熱鍋放入奶油，待奶油融化，放入培根、菠菜拌炒約2~3分鐘至菠菜變軟，取出。
3 雞蛋打成蛋液，加入牛奶、鹽、黑胡椒拌勻。
4 在烤盤上塗一層薄薄的奶油，放上吐司，再依序疊上培根、菠菜、起司絲，最後倒入調味好的蛋液。
5 入烤箱烤6~7分鐘呈金黃色後，用鋁箔紙蓋上，再繼續烤6~7分鐘。

A little nut that
almonds are high

菇菇火腿法式鹹派

材料A

厚片吐司…… 2片
火腿…… 2片
雞蛋…… 1顆
蔥白…… 8~10公分段
鴻喜菇…… 1包
金針菇…… ½包
奶油…… 10g
起司絲…… 30g

材料B

鮮奶油…… 60ml
牛奶…… 60ml
鹽…… ½茶匙
胡椒粉…… 少許

調味料

鹽…… 少許
胡椒粉…… 少許

作法

1 蔥白切成長4~5公分細絲，鴻喜菇切去根部、洗淨、剝開，金針菇切去根部、洗淨、切半。
2 雞蛋打成蛋液後，加入材料B拌勻。
3 將奶油放入平底鍋中加熱融化，放入菇類拌炒至變軟後，加鹽、胡椒粉調味。
4 吐司放瓷盤裡，依序疊上起司絲、火腿、炒好的菇類，再倒入蛋液，入烤箱烤10~15分鐘。
5 烤好取出，鋪上蔥白，即可盛盤。

永婕媽媽經

★放烤箱烤時，若覺得快烤焦了，可蓋一層鋁箔紙。

香料烤雞腿佐奶油菇

材料

雞腿…… 1隻
鴻禧菇…… 1包
蘑菇…… 5~6朵
洋蔥…… ¼個
奶油…… 40g
洋蔥粉…… 少許
羅勒粉…… 少許
低筋麵粉…… 20g
牛奶…… 300ml

調味料

鹽…… 1茶匙
黑胡椒…… 適量

作法

1 將鹽、黑胡椒、洋蔥粉、羅勒粉混合均勻，抹在雞腿表面上，靜置1小時。
2 將鴻禧菇洗淨撕開，蘑菇切片，洋蔥切薄片。
3 奶油放入熱鍋中，爆香洋蔥，放入鴻禧菇、蘑菇拌炒，加少許鹽、黑胡椒調味，盛起備用。
4 再次熱鍋，放入20g奶油，融化後倒入低筋麵粉及牛奶混合，再加入炒好的鴻禧菇、蘑菇拌炒後盛盤。
5 重新熱鍋，放剩下奶油，把雞腿煎至表面金黃後，盛盤，再搭配炒好的奶油菇，最後撒上黑胡椒即成。

永婕媽媽經

★菇類很營養，但很多小孩子不喜歡，只要做成奶油口味，多數孩子都會愛吃。

照燒雞腿高麗菜絲三明治

材料

吐司…… 2片
去骨雞腿肉…… 1隻
高麗菜…… 少許
白芝麻…… 適量
洋蔥…… ¼個
和風沙拉醬…… 適量

調味料

米酒…… 5大匙
醬油…… 4大匙
味醂…… 2大匙

作法

1 高麗菜洗淨、切絲，洋蔥切絲，備用。
2 在去骨雞腿肉上用刀先輕輕劃幾刀，將雞腿皮的那面朝下放入平底鍋內，以中火煎，待呈金黃色再翻面繼續煎熟。
3 將米酒、醬油、味醂倒入鍋中，加入洋蔥絲，蓋上鍋蓋，煮滾後掀蓋以中小火收汁。
4 取出雞腿肉切成條狀，放置盤中，撒上少許白芝麻。
5 取一碗，將高麗菜絲拌入些許沙拉醬。
6 吐司烤熱後，將雞腿放在吐司上，依序鋪上洋蔥絲、高麗菜絲，再蓋上另一片吐司。

3

6

烤雞起司太陽蛋貝果

材料

雞腿肉…… 1片
貝果…… 1個
雞蛋…… 1顆
起司…… 1片
番茄…… 2片

醃料

五香粉…… 1茶匙
鹽…… 2茶匙
黑胡椒…… 少許
白酒（或米酒）…… 少許
奶油…… 15g
檸檬汁…… 2大匙
蒜末…… 少許

作法

1 將奶油、五香粉、鹽混合，塗抹在雞腿肉表面，再撒上黑胡椒、蒜末及白酒、檸檬汁醃漬30分鐘。
2 將醃漬好的雞腿肉，放入預熱180度的烤箱，烤約30分鐘。
3 待雞腿肉烤熟後，也稍微烤熱一下貝果。
4 同時間，取一平底鍋，煎太陽蛋。
5 貝果對半切，將烤雞、起司片、番茄片、太陽蛋夾入貝果中，即可盛盤。

永婕媽媽經

★如果喜歡吃辣，也可以用匈牙利紅椒粉醃漬，味道很不賴唷！

洋蔥蘑菇牛肉起酥盒

材料

火鍋牛肉片…… 5~6片
蘑菇…… 4朵
洋蔥…… ¼個
雞蛋…… 1顆
起酥片…… 2片
起司絲…… 少許

醃料

日式醬油…… 1大匙
糖…… ½茶匙

作法

1 牛肉片加醬油、糖抓一下，醃5分鐘。
2 洋蔥切丁，蘑菇切片，蛋打成蛋液，備用。
3 熱油鍋，洋蔥丁爆香，續入牛肉片和蘑菇，炒至牛肉變色即可盛起備用。
4 烤箱以180度預熱3分鐘。
5 將起酥片用模具壓出一個圓形，下方再墊一層起酥片，並在邊緣壓出一圈紋路。
6 在起酥片表面塗上少許蛋液，入烤箱烤約5分鐘後取出。
7 將炒好的牛肉、蘑菇、洋蔥末放進起酥片的圓形凹槽內，上面撒起司絲，再放進烤箱烤至起司融化，香噴噴的牛肉起酥就OK囉！

地瓜酥皮麵包

材料

吐司…… 2片
酥皮…… 1片
地瓜…… 1條
蛋黃液…… 1顆量
全蛋…… 1顆
蜂蜜…… 少許
黑芝麻…… 少許

作法

1 地瓜洗淨後，直接放入電鍋，外鍋加2杯水（若不夠熟軟外鍋再加1杯水續蒸），蒸熟後剝皮、壓成泥，再加入蜂蜜攪拌均勻。
2 全蛋打成蛋液。在兩片吐司中間塗抹蜂蜜地瓜泥和蛋液。
3 在吐司上方放置酥皮，酥皮上再抹適量的蛋黃液、撒上少許黑芝麻。
4 烤箱預熱至160度，烤10~15分鐘，至酥皮膨起。

3

紅豆地瓜球

材料

地瓜…… 5條

紅豆…… 300g

調味料

糖…… 100g

作法

1 地瓜洗淨，放置電鍋蒸盤上，加2杯水，蒸熟(若未熟，外鍋再加1杯水續蒸)。

2 紅豆泡水至少4小時，電鍋內鍋加水超過紅豆高度，外鍋加2杯水，跳起後若不夠軟，可再加2杯水續蒸至紅豆熟軟，蒸好後加糖，壓成紅豆泥。

3 將蒸熟的地瓜去皮，放入碗中，用湯匙攪成泥狀。

4 手握些許地瓜泥，稍壓平，再包入紅豆，揉成球狀，亦可發揮創意做成各種可愛造型。

4

永婕媽媽經

★ 多變化些不同的造型，小朋友會更愛吃哦！也可以再淋上蜂蜜，味道更棒！

燻鮭魚蛋沙拉鬆餅三明治

鬆餅材料(約做12片)

低筋麵粉…… 150g
高筋麵粉…… 150g
砂糖…… 40g
牛奶…… 100ml
奶油…… 150g
雞蛋…… 2顆
冰糖…… 80g
玉米粉…… 60g
泡打粉…… 2g
小蘇打粉…… 2g

其他材料

煙燻鮭魚…… 2片
雞蛋…… 2顆
小黃瓜(切絲)…… 1根
罐頭玉米粒…… 適量
美乃滋…… 2大匙

調味料

鹽…… 少許

作法

1 取一容器,將所有鬆餅材料攪拌均勻後,靜置30分鐘。
2 預熱鬆餅機,在鬆餅機上先塗一層奶油,倒入鬆餅糊。
3 小黃瓜洗淨、切絲,備用。
4 把2顆雞蛋放入鍋中煮成水煮蛋後,剝殼、切碎,加美乃滋、少許鹽拌勻。
5 取出一片烤好的鬆餅,依序放上煙燻鮭魚、黃瓜絲、玉米粒、蛋沙拉,再放上另一片鬆餅,即完成。

五彩鬆餅

材料(約可做12片)

低筋麵粉…… 150g
高筋麵粉…… 150g
砂糖…… 40g
牛奶…… 100ml
奶油…… 150g
雞蛋…… 2顆
冰糖…… 80g
玉米粉…… 60g
泡打粉…… 2g
小蘇打粉…… 2g
五彩早餐球…… 1盒

作法

1 取一容器，將除了五彩早餐球外的所有材料攪拌均勻後，靜置30分鐘。
2 預熱鬆餅機，在鬆餅機上先塗一層奶油，倒入鬆餅糊。
3 鬆餅烤好後，將五彩球放入鬆餅格子內，即成。

1

3

永婕媽媽經

★這道鬆餅很簡單，繽紛的色彩，絕對可以擄獲小朋友的心。

鮮果奶酪

材料

牛奶…… 240ml
鮮奶油…… 240ml
玉米粉…… 24g
糖…… 36g
奶油…… 18g
草莓…… 3顆
奇異果…… 半個
柳橙…… 3片

作法

1 牛奶、鮮奶油、糖倒入鍋中加熱煮滾。
2 加入奶油攪拌後，再慢慢加入玉米粉拌勻。
3 取一容器，倒入剛才攪拌好的鮮奶酪，待涼之後放入冰箱待其凝固即可。
4 可隨興加入自己喜愛的水果，如草莓、奇異果、柳橙等。

good job!

永婕媽媽經

★要吃的時候可以搭配不同的果醬或是水果，我個人很喜歡加百香果醬，味道非常合。
★推薦台中書屋的孩子自己做的百香果醬，買他們的果醬也可以做愛心唷！
※臉書搜尋：擊壤歌商行

玩藝0032

鐵人媽媽賈永婕的Brunch

超營養、多變化 在家也能做出餐廳等級88道美味料理

國家圖書館出版品預行編目(CIP)資料

鐵人媽媽賈永婕的brunch / 賈永婕著. --
初版. -- 臺北市 : 時報文化, 2016.04
面 ; 公分
ISBN 978-957-13-6551-0(平裝)

1.食譜

427.1 105001206

作　　者—賈永婕
經紀公司—海納百川娛樂有限公司
攝　　影—蕭維剛
造型設計—劉培華 Ricky Liu
髮　　型—Stone
化　　妝—時尚推手形象工坊 齊傳玲
封面設計—顧介鈞
內頁設計—吳梅格
責任編輯—及若琦
校　　對—程郁庭
責任企劃—汪婷婷
董 事 長
總 經 理—趙政岷
總 編 輯—周湘琦
出 版 者—時報文化出版企業股份有限公司
10803台北市和平西路三段240號7樓
發行專線—（02）2306-6842
讀者服務專線1080012311705/（02）2304-7103
讀者服務傳真—（02）2304-6858
郵撥—一九三四四七二四時報文化出版公司
信箱—台北郵政七九～九九信箱
時報悅讀網—http://www.readingtimes.com.tw
電子郵件信箱—books@readingtimes.com.tw
第三編輯部—http://www.facebook.com/bookstyle2014
風格線臉書
法律顧問—理律法律事務所　陳長文律師、李念祖律師
印　　刷—詠豐印刷有限公司
初版一刷—2016年4月29日
定　　價—新台幣360元
⊙行政院新聞局局版北市業字第八〇號

特別感謝:
Gourmet's Partner 聯馥食品

iittala marimekko

ISBN：978-957-13-6551-0
Printed in Taiwan

讀者活動回函

看完了這本書籍，您是否覺得每天花個 10 分鐘，就能輕鬆幫家人做出一頓豐盛的早餐呢？即日起只要您完整填寫讀者回函內容，並於 2016/7/31 前（以郵戳為憑），寄回時報文化，將有機會獲得「SARJATON 無系列圓盤 26CM_ 白 + 馬克杯 360ml 組」、「Marimekko 抱枕套」、「De Cecco 三色大蝴蝶結麵」等好禮。得獎名單於 2016/08/15 前公佈在「時報出版風格線」粉絲團。

1. 您最喜歡書中的哪三道料理與原因？ ________________

____

____

2. 您希望賈永婕能再多分享哪些料理與技巧呢？ ________________

____

____

請問您購買本書籍的原因？

□喜歡主題 □喜歡封面 □喜愛作者 □熱愛做菜 □喜愛購書禮 □價格優惠 □工作需要 □其他 ______

請問您在何處購買本書籍？

□誠品書店 □金石堂書店 □博客來網路書店 □其他網路書店 □一般傳統書店 □量販店 □其他 ______

您從何處知道本書籍？

一般書店：______ 網路書店：______ 量販店：______ 報紙：______

廣播：______ 電視：______ 網路媒體活動：______

作者個人粉絲團：______ 朋友推薦：______ 其他：______

讀者資料

（請務必完整填寫、字跡工整）

姓　　名：______ □先生 □小姐

年　　齡：______

職　　業：______

電　　話：（H）______ （M）______

地　　址：______

E-mail：______

注意事項：1. 本問卷將正本寄回不得影印使用。2. 本公司保有活動辦法之權利，並有權選擇最終得獎者。

3. 若有其他疑問，請洽客服專線：02-23066600#8219

回函好禮

3名

SARJATON 無系列圓盤（26CM 白色）+ 馬克杯（360ml 磚紅）組

Sarjaton 在芬蘭語中意義為「無系列」，這個系列的設計產品正重新定義著靈活的自由廣度。Sarjaton 無系列產品根據不同場合既可以作為單品使用，也可以組合混搭。壓製花紋的餐盤、柔軟溫和的色調，都為你創造自己個性組合提供各種可能。始於傳統，專為今天，Sarjaton 無系列為你提供個性創意的天然工具。

售價：1,680 元

2名

marimekko 抱枕套

Unikko 罌粟花於 1964 年問世，代表創作、力量、勇氣與忠於自我，是 marimekko 最具代表性的印花。

售價：1,550 元

10名

Gourmet's Partner
聯馥食品

De Cecco 三色大蝴蝶結麵

淨重：500g / 產地：義大利

售價：150 元

※ 請對摺黏封後直接投入郵筒，請不要使用釘書機。

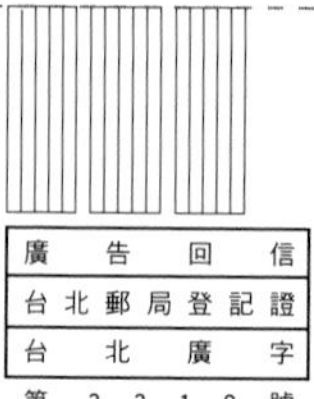

廣告回信
台北郵局登記證
台北廣字
第 2 2 1 8 號

時報文化出版股份有限公司

10803 台北市萬華區和平西路三段 240 號 7 樓

第三編輯部風格線 收